思維遊戲大挑戰

真相只有一個 ②

保羅‧馬丁 著　吉翁‧德科 圖

新雅文化事業有限公司
www.sunya.com.hk

來，找出所有罪犯！

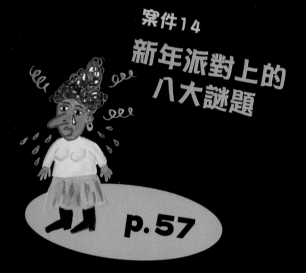

準備……開始！

1

這是有待你去偵破的案件。請先了解案情以及需要解決的謎題。

案發經過

需要解決的謎題

2

請你仔細觀察案發現場的內部環境，並閱讀受害者、證人和嫌疑犯的供詞，這是破案關鍵。

供詞

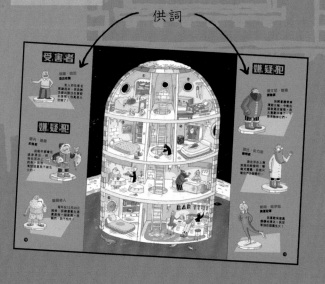

3

閱讀破案線索，可以幫助你解決謎題。

破案線索

4

你需要同時觀察案發現場的外部環境，才能解開謎題。請你沿着虛線，將左頁向右摺，再將右頁向左摺，便可觀察外部環境。

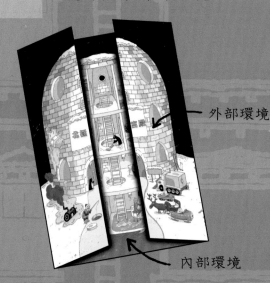

外部環境

內部環境

若想查看內部環境，請再打開摺疊的頁面。

5

你可以在本書的最後部分找到破案方法，揭開真相！

2099年驚天失竊案

2099年才剛開始，20世紀博物館裏便發生了一宗失竊案。一雙極為罕有的鞋子被偷走了！現在有四名嫌疑犯，請你在他們當中找出真正的犯人！

第一個問題
犯人是如何把鞋子帶出博物館的？

第二個問題
誰是犯人？

證人

薩法·多達莉
博物館館長

我們被偷了一件極為珍貴的展品：一雙1992年出產的鞋子。真是太悲哀了！

哥維多-D
雜務機器人

我不得不拔掉頂層的電源來更換燈泡……沒想到讓小偷借機在沒有觸發警報下打破玻璃櫃！

芬格域
保安員

我在出口搜查每位訪客，但是一無所獲。不過，我在被打破的玻璃櫃碎片中找到一根黑色的毛髮。

菲勒·思加
清潔工人

我的工作是洗廁所。博物館裏有三種廁所：男廁、女廁和給外星人使用的廁所。可是我沒發現任何異常。

嫌疑犯

尚・杜邦
訪客

我有時會來博物館參觀。我喜歡那些古老的物品，它們讓我想起遠古的時代，不過我萬萬不敢偷竊！真的，我怎麼會呢？

賓奴・摩斯加
外星人

我太憤怒了！我從山卡拉星球遠道而來，就是為了看看這個全銀河系獨一無二的鞋子，但它居然在我到訪這天被偷了！

安花・羅莉
訪客

今天是我第一次來博物館。想不到會發生失竊案，實在太刺激了！

帕波・比加索
收藏家

我是家財萬貫的收藏家。為什麼我要來偷沾滿灰塵的舊玩意？哼，真是無聊！

紀念館

破案線索
幫助你解決謎題

第一個問題

犯人是如何把鞋子帶出博物館的？

警方在博物館右側的廢棄屋裏找到一個鞋底。請你來調查它為什麼會出現在廢棄屋裏。

第二個問題

誰是犯人？

芬格域找到的線索以及怎樣把鞋子帶出博物館的方法，可以讓你推斷出誰是真正的犯人。

真相在第65頁揭開！

西部酒吧搶劫案

今天早上，酒吧老闆米克·斯特爾遭到襲擊。那時天還未亮，他剛到酒吧開門，頭部便遭到猛烈一擊。當他醒來後，便發現酒吧的收銀錢箱不見了。究竟是誰偷的呢？

第一個問題
錢箱現在被藏在哪裏？

第二個問題
誰是小偷？

嫌疑犯

泰迪·撲克
職業賭徒

　　我昨晚才跟溫特寶小姐坐同一輛馬車進城。我怎麼知道酒吧的錢箱在哪裏？

露絲·路加
西部最快的槍手

　　土匪，由我來捉拿！

黑傑克
牛仔

　　就因為我只喜歡黑色，別人總以為我是壞人，但其實我連蒼蠅都不捨得傷害。

祖·皮比
淘金者

　　我想靠挖掘泥土找到金礦發財，而不是靠搶劫酒吧。

嫌疑犯

莎莉 · 温特寶
舞蹈家

　　我是為了在米克先生的酒吧表演舞蹈才來這個城市。我怎麼可能一來到就偷老闆的錢！

桑祖 · 菲拿
土匪

　　該死！我是個誠實的土匪！我只是來喝一杯，坐在窗邊是為了看好我的馬——佩佩。

傑克 · 利巴卓隆
伐木工人

　　當我把馬栓到樹上的時候，我聽到酒吧有呼叫聲，但是我急着去買東西，10分鐘前才回來。

瑪美 · 卡拿賓妮
西部最慢的槍手

　　我是最後一個到這裏的。我甚至找不到地方安置我的馬——娜娜。我只有把牠拴在兩匹馬的中間。

破案線索

幫助你解決謎題

第一個問題

錢箱現在被藏在哪裏？

那是一個印有縮寫「MS」的灰色盒子。注意！盒子上的文字現在不是以正常角度來看，請你嘗試上下倒轉圖畫……

第二個問題

誰是小偷？

利用表格，嘗試找出每匹馬的主人，你就會知道小偷是誰。

人物	馬的編號					
	1	2	3	4	5	6
泰迪·撲克						
露絲·路加						
黑傑克						
祖·皮比						
莎莉·溫特寶						
桑祖·菲拿						
傑克·利巴卓隆						
瑪美·卡拿賓妮						

真相在第65頁揭開！

案件3

冰屋酒店融化事件

北極的中心有一家奇怪的酒店，名為「北極宮殿」。整幢酒店是由冰塊建造而成。今天早上，一位住客用暖爐來取暖，不小心把酒店的一角融化了！但是犯人並沒有自首。現在案件就交由你來調查。

第一個問題
犯人在哪個房間使用暖爐？

第二個問題
住客們分別住在哪個房間？

北極

受害者

保羅·哈尼
酒店老闆

犯人把住客名單藏起來，使我無法查出誰住在事發的房間。他真是太狡猾了！

嫌疑犯

謝夫·基摩
釣魚客

我每年都會住這家酒店，然後在浮冰上釣魚。我很清楚這裏是不能生火的。

聖誕老人

每年在12月25日過後，我總喜歡在這裏度假一個星期。很顯然，我不怕冷！

嫌疑犯

愛文尼・維達
探險家

　　我開着履帶車環遊北極，今晚在這家酒店留宿。我太喜歡冰塊了，不捨得融掉它們。

波比・史力加
發明家

　　我在浮冰上測試我的新發明：噴氣式雪橇，但我只能在戶外啟動它。

帕蒂・諾伊茲
奧運冠軍

　　我喜歡來這裏靜靜地滑冰。我沒笨到在這裏生火！

破案線索
幫助你解決謎題

第一個問題

犯人在哪個房間使用暖爐？

找出被暖爐融化了冰牆的房間。

第二個問題

住客們分別住在哪個房間？

每位住客都會在房間留下與他們工作相關的物品。

真相在第66頁揭開！

艾弗烈城堡 的叛徒

我們正處於中世紀的一場戰爭當中。艾弗烈城堡遭到莎威迪男爵的軍隊圍攻。城堡裏有一個叛徒，他向敵軍發出信息，指城堡的其中一個入口已經被打開。到底是哪一條通道呢？那個叛徒又是誰？

第一個問題
敵人可以從哪個入口進入城堡？

第二個問題
叛徒必須經過哪個地方才能打開通道？

第三個問題
叛徒在哪裏送出字條？

第四個問題
叛徒是男性還是女性？

證人

魯博伯爵
城堡的領主

幸好我的一名家臣攔截了叛徒送給敵人的字條。

亨利·哥柏
侍衞隊長

我一整天都在侍衞室，除了伯爵的家人外，我沒讓任何人進去。

里安納·巴里特
弓箭手

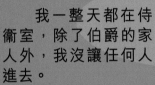

我射下了一隻信鴿，牠是從塔頂的小閣樓飛出來的。字條的內容是：「我成功打開了入口。我非常謹慎，沒有引起注意。親愛的，你可以在今晚進攻城堡。」

愛蓮·艾科魯
廚師

我一整天都在廚房，經過這裏的都是住在這座塔的人。

羅拔伯爵
伯爵的弟弟

我討厭自己的哥哥，希望有一天他會被敵人打倒。

布朗琪·賽爾
伯爵的妹妹

我是莎威迪男爵的情人，說實話我希望男爵能打勝仗。

歌倫比·拉帕思
伯爵夫人

我討厭這場戰爭，並想儘快結束一切！

瑪露絲·安法依迪

我是一位神醫，你覺得我更像巫婆吧？沒所謂，反正你們不會完全信任我。

破案線索
幫助你解決謎題

第一個問題

敵人可以從哪個入口進入城堡？

找出城堡外已打開的秘密通道。

第二個問題

叛徒必須經過哪個地方才能打開通道？

叛徒必須經過其中一位證人所在的房間。

第三個問題

叛徒在哪裏送出字條？

留意白鴿從哪裏飛出來，而叛徒必須再經過另一位證人身處的房間才能到達該處。

第四個問題

叛徒是男性還是女性？

仔細閱讀叛徒的字條內容。

真相在第66頁揭開！

武士學校的神秘事件

在亞洲的某處，有一所專門培訓未來武術冠軍的日本武士學校。米杜·奇洛新師傅是學校的校長，他遇上一件讓他非常煩惱的事情——他收藏的珍貴純金武士刀不見了！究竟誰是小偷？

第一個問題
純金武士刀在哪裏？

第二個問題
小偷用這把刀做什麼？

第三個問題
每名嫌疑犯當天都做了什麼？

第四個問題
小偷是如何盜取武士刀的？

證人

米杜·奇洛新
武士學校校長

這把武士刀源自一位先人，名為杜先。他是這所學校的創始人。武士刀掛在入口大門的上方。我感覺到武士刀的氣息離我們不遠。依我看，是其中一個淘氣的學生借來用了！

林梅勒
武術老師

我中午到學校的時候，寶刀還掛在大門上的。我後來發現練習室的門開了，但我之前明明已把它鎖上。

炯基寶
導師

下午只有四個學生在學校。其中兩個在屋頂扮忍者玩耍，我叫了他們下來。而在學校後方，一個男孩在練習撐竿跳，另外一個學生在果園採摘蘋果。

杜護林
雜務工

我下午要修剪植物，但是找不到我用來修剪枝葉的大剪刀。

阿杜

我下午在和卡蒂米妮玩耍。我絕對不可能拿武士刀！

李陶

我下午一直都在室外。回到房間的時候,全世界都在找武士刀,我並不知道它在哪裏!

拉基爾

下午1時左右,阿杜叫我和他一起玩忍者遊戲。他有一把武士刀可以用來練習,但我沒有武器,所以我拒絕了。

卡蒂米妮

犯人要身手很靈活才能偷到武士刀。它被掛在門上,太高了,我們碰不到。

破案線索

幫助你解決謎題

第一個問題

純金武士刀在哪裏？

它被藏在自然環境中。

第二個問題

小偷用這把刀做什麼？

藏起武士刀的地方會幫助你找到答案。

第三個問題

每名嫌疑犯當天都做了什麼？

查看嫌疑犯的房間，找出線索。

第四個問題

小偷是如何盜取武士刀的？

觀察圖畫，找出可能的路徑。

真相在第67頁揭開！

露營車盜竊案

「快樂海鷗」露營場地有小偷出沒！有人在索拉活家族的露營車上偷走了一個珠寶盒，裏面裝有珍珠項鍊和珍貴的手鐲。你能幫忙找出小偷嗎？

第一個問題
珠寶盒在哪裏？

第二個問題
小偷從哪裏進入和離開露營車的？

第三個問題
誰偷了珠寶盒？

證人

索拉活家族

大衞
兒子

我當時在露營車裏洗澡。我聽到腳步聲，但我以為是我的爸媽或妹妹。

贊杜
媽媽

我從沙灘回來，聽到兒子求救後立刻趕到露營車，但車門鎖了。當我找到車匙進去後，便發現我的珠寶盒不見了！

羅拔
爸爸

我在遠處和馬可玩滾鐵球，突然聽見我的太太和兒子大叫「抓小偷！」我轉身跑向露營車，看到有個棕色頭髮的人正在逃走。

利亞
女兒

我不知道小偷是從哪裏進去。車門是鎖上的。從車頂進去也是不可能的。那個車窗又高又窄，小偷的身型要很瘦才能進得去啊！

嫌疑犯

伊芙·簡思

我在我的露營車裏煮飯，因為我今晚邀請了索拉活家族共晉晚餐。

布巴·洛迪

我當時正在十字路口截順風車。我與這一切無關！

馬可·卓力

我當時和羅拔在玩滾鐵球。後來，我到遠一點的地方小便。當我回來的時候，已經發生盜竊案了！

拉達莎·托莎實

我在露營車後面的沙丘上睡覺，呼叫聲把我驚醒。

破案線索

幫助你解決謎題

第一個問題

珠寶盒在哪裏？

　　小偷拿走了盒子裏的珠寶，然後把珠寶盒丟棄在案發現場附近。

第二個問題

小偷從哪裏進入和離開露營車的？

　　仔細觀察哪一扇窗戶開了，並且足以讓一個人通過，然後看看小偷是否在露營車附近留下了足跡。

第三個問題

誰偷了珠寶盒？

　　留意羅拔的供詞、小偷潛入車廂的方法以及小偷留下的足跡，可以幫助你找到答案。

真相在第67頁揭開！

七個小矮人的寶物

今天早上，七個小矮人出發參加「最帥小矮人」的比賽。小偷趁機到他們的礦場偷取寶物。案發時有四位訪客在小矮人的礦場附近出現過，相信犯人就在他們當中，那麼會是誰呢？案件就由你來調查。

第一個問題

七顆珍貴的寶石在哪裏？

第二個問題

小偷有哪兩個外貌特徵？

第三個問題

誰是犯人？

受害人

萬事通

　　被偷的寶物由七顆珍貴的寶石組成，代表着我們七個小矮人。寶石是我們各自喜歡的顏色：紅、橙、黃、綠、藍、紫和白。

大力士

　　珍貴的寶石藏在一個秘密的地方——在礦場裏。

瞌睡蟲

　　呼……呼……

糊塗蛋

　　我看到是鱷魚偷走的！

開心果

　　嗨！我在空盒子附近找到一撮金色的頭髮。

貪吃鬼

　　礦場通道又窄又矮，只有身高低於1.6米的人才能進入。

小懶蟲

　　整件事太累人了，我要休息一會兒。

嫌疑犯

白忌廉　身高1.5米

我受夠了！我不想再幫小矮人工作。如果我偷了他們的寶物，我會辭職，然後搬去海邊生活，不過他們從不會告訴我收藏寶石的地方。

巫婆　身高1.55米

顯然因為我是巫婆，所以人們總是先懷疑我！但是我沒必要偷取寶石，我剛才贏得了讓我樂透的巨額獎金。

白馬王子　身高1.8米

我希望小矮人能找到寶石，我想買下來做一頂皇冠。

銀扣小姐　身高1.2米

在這個森林散步總是沒好事發生。昨天，我遇到了三隻可怕的熊。今天，就被七個小矮人誣衊我是小偷！

破案線索
幫助你解決謎題

第一個問題
七顆珍貴的寶石在哪裏？

在房子裏找出小矮人被偷走的七顆寶石。每個小矮人都有屬於他們顏色的寶石。

第二個問題
小偷有哪兩個外貌特徵？

閱讀小矮人的供詞，你可以找到關於犯人的身高和髮色的情報。

真相在第68頁揭開！

破壞儲水庫事件

現在是2050年，火星上建造了一所太空科學站：Alpha-13基地。今天早上，有人破壞了儲水庫。如果不儘快修理，全隊成員將必須放棄任務，回地球重新出發。請你調查這次的破壞事件，找出誰破壞了儲水庫。

第一個問題

犯人切斷了水管的哪個部分？

第二個問題

犯人是從哪裏進入儲水庫的？

第三個問題

犯人偷了一件工具來破壞水管，那是什麼工具？

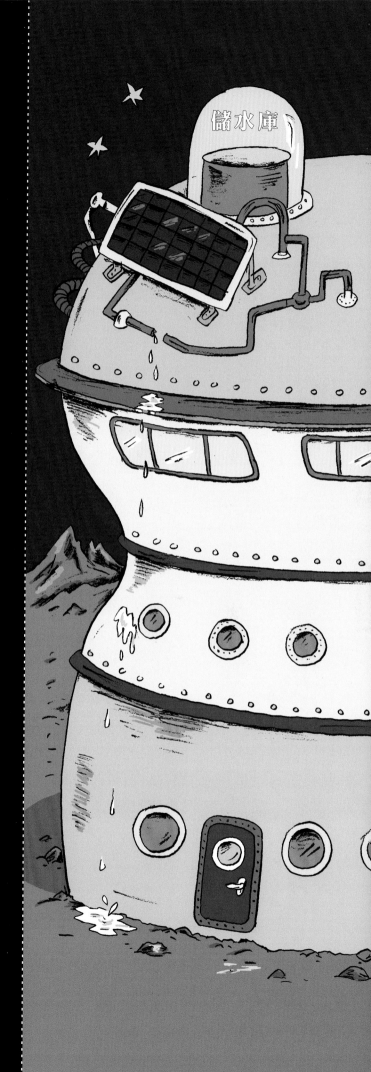

儲水庫

儲水庫

嫌疑犯

祖・肯尼斯
基地隊長

今天早上，我在外面幫助阿金修理卡車。當時有一個機械人經過，還有一個穿太空衣的人在遠處。

小猴子科科
受過訓練的猴子

我想回地球啊！因為這裏沒有香蕉！今天我在實驗室裏玩電腦玩了一個早上。

珍妮・祖莉雅
五歲神童、科學研究員

今天早上，我穿上小尺寸的太空衣，在外面採集石頭樣本。我在10時30分左右回來。

金・卡布易
機械技工

從上午9時到中午，我和阿祖在室外修理卡車。珍妮來過借走了唯一一件小尺寸的太空衣。有人趁機拿走了工作室的鋼鋸。

嫌疑犯

愛因和斯坦
雙頭科學家

今天早上10時，我們正在洗澡的時候，突然停水了！然後當我們回到實驗室，發現螺絲批不見了。

雷爾·柏圖
維修機械人

這個太空站終於有東西需要修理了！我可以派上用場了。

蘋思·博雅
探索機械人

每天早上，我都會出去巡查基地的外部環境。我10時30分離開，直到中午才回來。

巴斯·洛基亞
太空飛行員

早上9時45分，我想外出但沒有可以穿的太空衣，所以我一整個早上都在看電視。

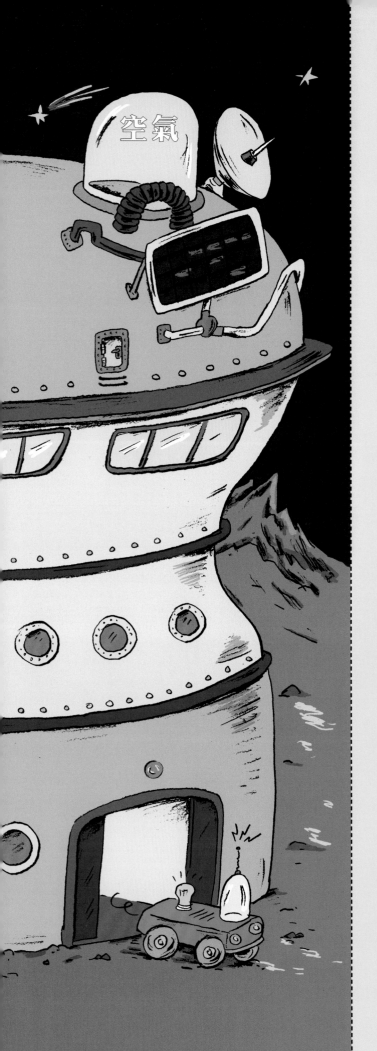

空氣

破案線索
幫助你解決謎題

第一個問題

犯人切斷了水管的
哪個部分？

請你找出漏水的水管。

第二個問題

犯人是從哪裏進入
儲水庫的？

觀察儲水庫，你可以由此推斷出犯人的身型，並排除兩個嫌疑犯，因為他們無法進入這個地方。

第三個問題

犯人偷了一件工具來破壞
水管，那是什麼工具？

找出原先放置工具的地方後，你可以排除多一名嫌疑犯。

真相在第68頁揭開！

薩丹寺院盜竊案

在叢林深處，神秘的薩丹寺院埋藏着一個無價的寶藏。當中最為珍貴的一件寶物被盜了。現在請你來調查這宗案件，找出犯人，尋回寶藏！

第一個問題
被盜的佛像藏在何處？

第二個問題
各證人當時分別在哪個位置？

第三個問題
各嫌疑犯分別從哪裏進入寺院？

第四個問題
哪名嫌疑犯可以前往放置佛像的房間，並將它藏起來？

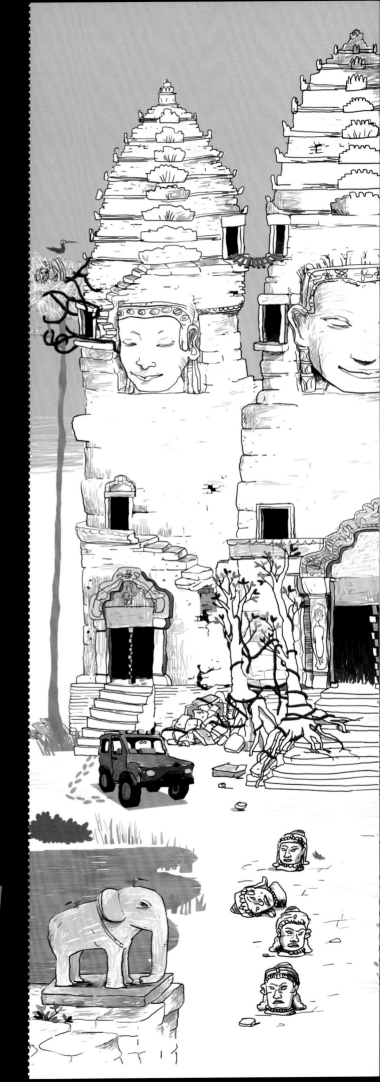

證人

菲利·薩法巴姆
寺院僧人

這是失竊佛像的照片。佛像置於寺院最高處的金色房間（第1間）。我在放有魚缸的房間（第17間）打坐了一整天，沒有見過任何人。

法奇·依高巴
智者

我在放有蛇的房間（第10間）一動也不動。我今天一個人也沒見過。

撒思迪
神聖的舞者

案發當時，我在放有綠色雕像的房間（第9間）練習舞蹈。沒有人從這裏通往上層。只有一位女士來看我跳舞，然後便往下走了。

亞丹·達夫
保安員

我在寺院門口的主樓梯上站了一天。只有一男一女進過寺院。

雲妮莎・加度
訪客

我和路加一起來的。我們在放有綠色雕像的房間（第9間）分開。我留下來看舞者跳舞，路加四處閒逛，然後我們一起走下樓梯離開。

路加・麥高比
訪客

我和雲妮莎分開後，我去了隔壁的房間，然後我和她一同下樓，回到旅遊車上。

艾力斯・波尼
冒險家

我進寺院的時候摔倒了，扭傷了腳踝。我在房間裏坐了一個小時後，才出來找回我的電單車。

尼斯・托域
考古學家

我沒有上樓梯。我一整天都在觀賞精美的猴子雕像，然後我便回到吉普車上。

破案線索

幫助你解決謎題

第一個問題

被盜的佛像藏在何處？

請你看看寺院的高處。

第二個問題

各證人當時分別在哪個位置？

仔細閱讀嫌疑犯和證人的供詞，
觀察不同房間內的物品。

第三個問題

**各嫌疑犯分別從哪裏
進入寺院？**

追蹤在嫌疑犯的車附近的足跡。

第四個問題

**哪名嫌疑犯可以前往放置佛
像的房間，並將它藏起來？**

從嫌疑犯所在的房間出發，沿着路
徑直到放置佛像的房間。看看誰可以避
開所有的證人。

真相在第69頁揭開！

案件10

杜法摩馬戲團
的恐慌

杜法摩馬戲團的演出即將開始，但無論是圓頂會場、旅行車還是獸籠，都一片混亂，因為許多道具和動物都不見了！請你仔細觀察現場，幫馬戲團演員找回所有失物，並閱讀每個馬戲團成員的供詞，在圖中找出他們分別丟失了的東西。

第一個問題

哪些道具或動物是在場地外面？

第二個問題

哪些道具或動物在馬戲團的帳篷或車子裏？

受害者

麥斯·杜法摩
馬戲團老闆

如果在10分鐘之內找不到丟失的道具和動物，今晚的演出將會是一場大災難！

亨利·哥魯
馬戲團小丑

我的紅色鼻子不見了。沒有它，我的表演會變得很荒謬。

亨利·高蘭
白臉小丑

我把褲子放在一個精緻的盒子裏，但現在褲子不見了。我不知道發生什麼事。

安代·靈迪
空中雜技員

高空鞦韆的繩子被剪了一半，這個破壞者肯定是個身手靈活的雜技員。我們必須在他再次犯案之前抓住他。

受害者

艾美・迪比蒂
馴獸師

我什麼也不知道。我最愛的獵豹「小麵包」應該已經在圓頂會場的，但牠現在不見了。

沙洛文尼・爾迪
魔術師

我的魔術箱不在車裏。它有雙層底，任何放進去的東西都會消失。我需要這個魔術箱，否則我便不能表演了。

艾民・拿加里
動物管理員

小猴子阿祖逃了出來！牠還打開了蟒蛇尼斯托的籠子。牠們到底去哪裏了？

謝夫・愛查
演奏家

我的小喇叭被偷了！沒有它我該怎麼表演？

破案線索

幫助你解決謎題

第一個提示

你可以在圖中找到丟失的道具或動物的某部分。

第二個提示

某些失物是被其他演員借走了。

真相在第69頁揭開！

演唱會的十大難題

今晚搖滾樂隊KROCK將舉行演唱會，這是搖滾愛好者一年一度的盛事！粉絲們蜂湧而至，可是演唱會遇上了很多阻滯。為了讓這項盛事能夠順利進行，你要抓緊時間，閱讀各人員的供詞，幫他們解決難題！

第一個問題

哪四件失物在室外？

第二個問題

哪五件失物在室內？

第三個問題

哪個潛入會場的人躲在哪裏？

加拿芬·傑斯
樂隊主唱

真倒霉！我們的吉祥物黃鼠狼「奇奇」不見了。

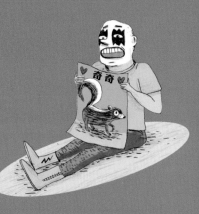

哥迪·傑斯
鼓手

非常糟糕！我那套敲擊樂器中的大鼓被偷了……

卡魯·傑斯
吉他手

太不幸了！我的高跟厚底長靴被偷了。少了它，我變得很矮小。

杰克·積遜
售票員

我聽說有人從另一個入口潛入並躲起來了，真想知道那個人是誰，他是怎麼逃過我的法眼。

愛瑪·基莉
化妝師

我為加拿芬準備的假髮被偷了。如果他不戴假髮上台，會變得很滑稽。

艾迪·美禾
錄音師

我什麼也不知道！紅色線的麥克風沒有聲音，肯定是有人偷用電線！是誰幹的好事？

大衞·祖尼
保安員

我的樣子很滑稽！有人偷了我的T恤。這件衣服是黑色的，上面印有"SECURITY"這個字。

艾歷思·希亞
汽車司機

我簡直不敢相信！我只不過是去買小吃，竟然有人偷了我一個輪胎！

芭比·喬
三明治小販

有人偷了我一大串香腸，我想知道香腸在哪裏！

基拉·達朗妮
燈光師

我少了一盞像這樣的聚光燈。誰把它偷走了？

破案線索

幫助你解決謎題

第一個提示

留意場外的海報，你就能知道其中一件失物是什麼樣子的。

第二個提示

有人同時偷了兩件物品。

第三個提示

要解決其中一個難題，你需要仔細觀察每個樂隊成員。

真相在第70頁揭開！

女巫的藥水

即使是在使用魔法的年代,也有解決不了的謎團。有一個女巫偷走了用來製作魔法藥水的材料,而製作這種藥水是被禁止的。在這個古怪的房子裏,到底誰是小偷呢?案件就交由你來調查。

被禁止的藥方

把一隻山羊的角、兩片白色的羽毛和一隻紅色的蜘蛛混合起來,再用温火煮半個小時,然後加入魔法粉末,便大功告成。這種藥水可以讓人變成萬人迷。只有13至99歲的女性可以成功製作此藥。

第一個問題
製作藥水的材料在哪裏取得?

第二個問題
誰能夠偷走材料?

嫌疑犯

瑪麻・耶加
最年長的女巫（127歲）

事發的時候，我去了買新帽子。我的房間是上了鎖的，只有懂得飛行才能夠從窗口進去。

卡拉・寶絲
瑪麻的妹妹

我在房裏修理我的飛天缽，整整待了一天。我沒有見過任何人。

莎加・必思
瑪麻的女兒

全靠我的蝙蝠雙翼，我可以隨心所欲地飛來飛去。這能惹煩所有人！

珊迪娜・菲沙莉
瑪麻的女兒

在這裏，所有人都嫉妒我的飛天掃帚！只有我和我的女兒知道怎麼使用！我整個下午都在房間看書。

瑪麻的房間

卡拉、莎加和羅妮
的房間

飯廳

哈里・博德
珊迪娜的兒子

我一整天都在飯廳和表妹玩紙牌遊戲。我沒見過其他人。

奧加・文妮
珊迪娜的女兒

我是所有女巫中年紀最小的，我只有12歲！我今天一直在森林裏看莎加姨母飛翔。她真是太棒了！

羅妮・迪古尼
莎加的女兒

我玩了一整天，快要趕不及採集蕁麻葉子做湯…… 我必須走了！

嘉利・邦本
羅妮的姊姊

我下樓玩紙牌的時候只鎖了房門和窗，沒有鎖地板門。

51

破案線索
幫助你解決謎題

第一個問題

製作藥水的材料在哪裏取得？

所有材料在圖中都可以找到。

第二個問題

誰能夠偷走材料？

山羊的角需要一種特別的能力才可以偷得到。

真相在第70頁揭開！

瘋狂的農場

班妮迪．域圖的農場真是一團糟！她的小狗奇奇不見了，然而所有動物都爭着認罪，因為小狗實在太討厭了，每隻動物都吹噓自己策劃了這場綁架案。誰是真正的綁匪？交由你來調查。

第一個問題
奇奇是怎樣離開房間的呢？

第二個問題
奇奇被綁匪藏在何處？

受害人

班妮迪·域圖
農夫

天啊！我昨天晚上把奇奇放回牠的籃子裏，今天早上牠就不見了！但是牠的房間明明是上了鎖的。

嫌疑犯

米奧和馬奧
小貓

奇奇不停對我們流口水。為了給牠一點教訓，我們把牠關在牛棚裏。

漢爾和漢赫
驢

奇奇的吠叫聲吵到我們的耳朵都快聾了。所以我們決定把牠放在雞棚，減低噪音。

葛迪和歌迪
母雞

這隻狗說我們很臭。所以我們去找牠，然後把牠扔進水塘。現在牠才臭呢！

54

卡因和科因
鴨子

奇奇經常來咬我們。為了報仇，我們把牠關進穀倉。

梅爾和莫爾
母牛

奇奇整天跑來跑去，真煩啊！所以我們把牠綁在牛棚裏，讓牠冷靜一下。

格雷和葛雷
豬

奇奇總是這麼自由，這讓我們生氣，所以我們把牠從籃子裏帶走，丟進飼料槽。現在牠看起來沒那麼討厭了！

比比和必必
綿羊

哼！奇奇的毛髮怎麼比我們的羊毛還要光滑！所以那天晚上我們決定把牠關在牛棚裏。

破案線索

幫助你解決謎題

第一個問題

**奇奇是怎樣離開
房間的呢？**

這能幫助你確定哪些動物無法綁架奇奇。

第二個問題

奇奇被綁匪藏在何處？

有些動物弄錯了奇奇的位置，
牠們不是綁匪。

真相在第71頁揭開！

新年派對上的八大謎題

在米德爾的宴會廳裏，正舉辦新年派對，氣氛相當熱鬧。但是當中有八個人的財物被偷走了。現在請你調查一下，找出誰是犯人。

第一個問題
哪五件失物在室外？

第二個問題
哪三件失物在室內？

受害者

里奧·芭樂

唱片騎師

　　我那張超級珍貴的黑膠唱片被偷了。我看見從桌子下有一隻綠色袖子的手臂伸出來，偷走了我盒子裏的唱片。

安妮·域奇

衣物看管者

　　在我去洗手間的時候，有人偷走了一件極為昂貴的貂鼠皮草。

妮歌·耶迪比利

　　吃自助餐的時候，我感覺到有一隻手掠過我的脖子，像被金屬手鐲碰到般。然後我聽見穿高跟鞋走開的聲音，這時我才意識到我的項鍊被偷了。

里高·當彼路

糕點師傅

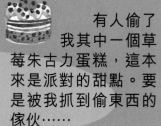

　　有人偷了我其中一個草莓朱古力蛋糕，這本來是派對的甜點。要是被我抓到偷東西的傢伙……

58

受害者

賈斯汀・菲亞
服務生

有人從儲藏室偷走了六瓶香檳。真是好大的膽子！

安迪・佩比力
鎮長

剛才我去外面透透氣，有個討厭的搗蛋鬼偷走了我的假髮。這個人肯定是想損害我鎮長的形象！

謝茜嘉・呢茲

我的布布！我的布布不見了。牠是一隻小型犬，非常昂貴。我敢肯定小偷是用骨頭把牠引走的，布布最喜歡骨頭了！

奧圖・特洛斯

我的汽車消失了！那是最新款的鮮紅色法拉利跑車。不過小偷很難開走跑車而不被人發現的！

破案線索
幫助你解決謎題

第一個提示

八個受害者都不是犯人，
你可以在圖中找出
真正的犯人。

第二個提示

有兩件物品不是人類所偷。

真相在第71頁揭開！

超級市場盜竊案

百思超級市場為慶祝開業十周年，正舉行大型抽獎活動。大獎是一份神秘的禮物，放在超市裏面。可是有顧客沒有參加抽獎，卻拿走了禮物。現在請你來調查一下，找出這個小偷！

第一個問題

裝有神秘禮物的箱子在哪裏？

第二個問題

小偷從哪裏進出超市？

第三個問題

在小偷身上有哪些痕跡？

受害者

占·卡西托
超市老闆

快關門的時候，超市幾乎沒有顧客了。我在20時55分到後門給送貨員開門，21時02分回辦公室的時候，發現裝有抽獎獎品的棕色箱子不見了！裏面是250盒餃子的大獎！

嫌疑犯

湯·亞圖法
保安員

我爬梯上超市的樓頂進行修補工程。在20時55分到21時之間，我看見兩位顧客離開。他們都沒有拿着箱子，但其中一個踢翻了我的油漆桶！

力高·德巴里
收銀員

案發時我在收銀櫃台。一位女顧客弄破了一盒麵粉，麵粉倒到櫃台上，到處都是！

雲尼·杜亞圖
清潔工

在20時55分的時候，我在飲品架前清潔地上的可樂，有位男顧客把可樂倒滿一地！

嫌疑犯

蒙妮卡
顧客

　　20時55分時我正在收銀處，我沒看到任何與案件相關的事物。

沙查·里奧
顧客

　　在我離開的時候，不小心踢翻了放在地上的油漆桶。

亞歷·奧諾姆
顧客

　　我到超市的時候是21時02分，都已經關門了。

埃利·法拉達
送貨員

　　我在20時50分抵達，我把貨車停在停車場的交貨區。因為後門鎖住了，我按喇叭示意，然後超市老闆來幫我開門。

63

破案線索

幫助你解決謎題

第一個問題

裝有神祕禮物的箱子在哪裏？

小偷把箱子扔在超市外偏僻的角落。

第二個問題

小偷從哪裏進出超市？

跟隨足跡找出小偷逃走的路徑。

第三個問題

在小偷身上有哪些痕跡？

小偷經過了兩個地方，這必定弄髒了他的衣服和鞋子。

真相在第72頁揭開！

揭開 真相！

米克酒吧

案件1

2099年 驚天失竊案

案件2

西部酒吧搶劫案

第一個問題

犯人是如何把鞋子
帶出博物館的？

男廁的管道斷開了，留意它是通
向廢棄屋的煙囪。犯人就是由此把臟
物帶出博物館的。

第一個問題

錢箱現在被藏在哪裏？

錢箱掛在門口左側的3號
馬上。它上下倒轉了，所以看
起來是SW而不是MS。

第二個問題

誰是犯人？

犯人擁有黑色的毛髮，是一名男性而
且不是外星人（因為他曾去過男廁）。符
合這兩項條件的人只有尚·杜邦，他就是
犯人。

第二個問題

誰是小偷？

有兩位嫌疑犯沒有馬匹：泰迪·
撲克和莎莉·溫特寶。他們是乘坐
馬車來的。1號馬被拴在樹上，牠
屬於傑克·利巴卓隆。2號馬是黑色
的，牠屬於黑傑克。4號馬的袋子裏
裝着鐵鎬，牠屬於祖·皮比。5號馬
在兩匹馬中間，牠屬於瑪美·卡拿賓
妮。6號馬屬於桑祖·菲拿，因為牠
被拴在窗邊，方便桑祖看顧。所以3
號馬屬於露絲·路加，錢箱就掛在她
的馬上。她就是小偷！

案件3

冰屋酒店融化事件

第一個問題

犯人在哪個房間使用暖爐？

3號房間的冰牆被融化了，犯人就住在這個房間。

第二個問題

住客們分別住在哪個房間？

1號房有帕蒂‧諾伊茲的冰鞋。

2號房有冰鋸和魚叉，這是謝夫‧基摩的房間。

4號房有聖誕老人的服裝。

5號房有與酒店外噴氣式雪橇相同顏色的頭盔，這是波比‧史力加的房間。

所以3號房是愛文尼‧維達的房間。他就是犯人！

案件4

艾弗烈城堡的叛徒

第一個問題

敵人可以從哪個入口進入城堡？

敵人可以從地板門進入城堡，地板門就在左下角的樹下，它通向一條秘密通道。

第二個問題

叛徒必須經過哪個地方才能打開通道？

叛徒必須經過侍衞隊長的侍衞室才能打開地板門，所以叛徒必定是伯爵的家人。

第三個問題

叛徒在哪裏送出字條？

叛徒必須經過圓柱塔底層的廚房，才能到塔頂的小閣樓放信鴿，送出字條，所以叛徒一定是住在這座塔。

第四個問題

叛徒是男性還是女性？

叛徒是女性，是伯爵的家人，住在圓柱塔，而且跟敵軍中的人有親密的關係。所以她只能是布朗琪‧賽爾。

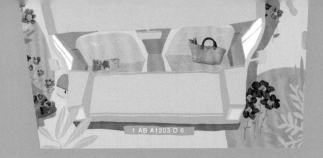

案件5

武士學校的神秘事件

第一個問題

純金武士刀在哪裏？

屋頂上插了一把武士刀，這是從練習室裏拿走的。純金武士刀插在學校後方的竹林中。

第二個問題

犯人用這把刀做什麼？

竹林中有一根竹被斬斷了，顯然是被人用武士刀斬的。而在運動場的地上有另一根竹，它是用來練習撐竿跳的。

第三個問題

每名嫌疑犯當天都做了什麼？

阿杜和卡蒂米妮的房間有忍者服裝，他們就是在屋頂玩忍者遊戲的學生，阿杜在練習室拿了武士刀，卡蒂米妮拿了杜護林的修枝剪刀，剪刀也被插在屋頂。拉基爾的房間有吃剩的蘋果，證明他去了果園採摘蘋果。所以練習撐竿跳的學生是李陶。

第四個問題

小偷是如何盜取武士刀的？

李陶從他的房間窗戶爬出來，然後用梯子爬到下一層的屋簷，從而偷取武士刀。

案件6

露營車盜竊案

第一個問題

珠寶盒在哪裏？

珠寶盒在露營車的車頭附近。

第二個問題

小偷從哪裏進入和離開露營車的？

車身的右側有一扇窗打開了，車內的地板上留下了沙的痕跡。小偷就是從這個窗口進入露營車的。

第三個問題

誰偷了珠寶盒？

根據羅拔的供詞，小偷的頭髮是棕色的，而且利亞指小偷必須夠瘦才能通過窗戶。小偷在打開的窗戶旁留下了足跡，那足跡顯示小偷穿的鞋子是沒有鞋跟，所以綜合以上三點，只有布巴·洛迪符合以上條件。他必須踩上露營車旁邊的椅子，才夠高爬進車窗。

案件7
七個小矮人的寶物

第一個問題

七顆珍貴的寶石在哪裏？

每個小矮人都有屬於他們顏色的寶石。請見下圖中圈起的位置。

第二個問題

小偷有哪兩個外貌特徵？

小偷可以進入礦場，意味着他身高低於1.6米，所以不可能是白馬王子。此外，開心果找到一撮金色的頭髮，所以白忌廉和巫婆也是無辜的。

第三個問題

誰是犯人？

犯人是銀扣小姐。

案件8
破壞儲水庫事件

第一個問題

犯人切斷了水管的哪個部分？

水管位於太空站上方左側，它正在漏水。

第二個問題

犯人是從哪裏進入儲水庫的？

犯人必須從屋頂邊緣出來，才能進入儲水庫。但是這扇門很小，只有身型較小的隊員才能通過，所以嫌疑犯有小猴子科科、神童珍妮和兩個機械人。但是小猴子科科需要太空衣才能到太空站外面，而唯一一件小尺寸的太空衣已經被珍妮穿了，而珍妮在太空站的遠處，所以犯人是其中一個機械人。

第三個問題

犯人偷了一件工具來破壞水管，那是什麼工具？

犯人拿了工作室的鋼鋸來切斷水管，而他必須爬上梯子才能取得鋼鋸。積思·博雅無法爬梯子，因為它是靠履帶前進，所以是雷爾·柏圖破壞了水管，這樣它就有東西可以修理了！

案件9
薩丹寺院盜竊案

第一個問題

被盜的佛像藏在何處？

佛像藏在寺院左側的樹上。

第二個問題

各證人當時分別在哪個位置？

菲利・薩法巴姆在第17號房間。法奇・依高巴在第10號房間。撒思迪在第9號房間。亞丹・達夫在門外的樓梯上。

第三個問題

各嫌疑犯分別從哪裏進入寺院？

從車輛附近的足跡顯示，雲妮莎・加度和路加・麥高比從正門樓梯進入寺院；艾力斯・波尼從右側樹藤進入，而尼斯・托域從左側的樓梯進入。

第四個問題

哪名嫌疑犯可以前往放置佛像的房間，並將它藏起來？

若想前往放置佛像的房間，艾力斯・波尼和尼斯・托域必須經過其中一間有證人的房間：10號、17號或9號，但是證人說沒見過任何人，所以犯人不是這兩個人。根據證人撒思迪的供詞，雲妮莎・加度在看完舞蹈表演後便下樓了，所以偷雕像的不是她。相反，路加・麥高比去了9號房間的隔壁，這必定是8號房間，因為法奇・依高巴在10號房間，而他沒見過任何人。路加從8號房間出發，上去6號，從外面樓梯上去4號，過橋走進2號，最後抵達1號房間。他偷取雕像後，爬上樹藤把雕像藏在樹上，然後原路返回會合雲妮莎。

案件10
杜法摩馬戲團的恐慌

亨利・哥魯的紅色鼻子被另一名雜耍員當成一顆球，用來表演。

亨利・高蘭拿了沙洛文尼・爾迪的魔術箱，箱子在他的旅行車裏。而他的褲子從魔術箱的雙層底中露了一部分出來。

頑皮的小猴子阿祖手裏拿着剪刀，就是牠剪了安代・霍迪的高空鞦韆繩子。牠就坐在會場的右上方。

艾美・迪比蒂的獵豹在老虎的獸籠裏。

艾民・拿加里的蟒蛇——尼斯托，就在馬戲團的帳篷外面，右邊頂部的繩索上。

在帳篷外面，左方的人羣中，有一個小孩拿着謝夫・愛查的小喇叭。

案件11
演唱會的十大難題

加拿芬‧傑斯的黃鼠狼和貓一起在場外，位於三明治小販的後方。

一個觀眾站在哥迪‧傑斯的大鼓上面，就在場內的左下角。

在售票處前面，有個觀眾穿了卡魯‧傑斯的高跟厚底長靴。

一名男子從場外的逃生梯爬上屋頂，然後進入演唱會場地。他躺在擴音箱的上方。

一隻狗身上穿了加拿芬的假髮，牠的主人拉着牠在會場外的售票處附近散步。

在左側擴音箱的前面，有一名男子用基拉‧達朗妮的聚光燈閱讀。

麥克風的紅色線繞過擴音箱後面，穿過門口，連到汽車的前方。有一名男子正用這根線竊聽演唱會的音樂。

哥迪‧傑斯穿了保安員的T恤，但是穿反了，從鏡子中可以看見 "SECURITY" 的字樣。

艾歷思‧希亞的輪胎就在哥迪‧傑斯的大鼓之上。

一名技術人員把芭比‧喬的香腸當成布景道具。

案件12
女巫的藥水

第一個問題
製作藥水的材料在哪裏取得？

山羊的角從掛在瑪麻‧耶加房間牆壁上的羊頭取得。

羽毛從嘉利‧邦本和奧加‧文妮房間的鳥兒身上取得。

紅色蜘蛛在屋子的下方。

第二個問題
誰能夠偷走材料？

所有的嫌疑犯都可以取得屋子外面的紅色蜘蛛。但是瑪麻‧耶加無法製作此藥，因為她太老了。犯人必須飛進瑪麻的房間偷取羊角，而哈里‧博德、羅妮‧迪古尼和嘉利‧邦本不懂飛行，故可以排除他們。卡拉‧寶絲可以用飛天缽；珊迪娜‧菲莎莉可以用飛天掃帚；莎加‧必思可以用她的翅膀，而奧加可以用她媽媽的飛天掃帚，但是奧加年紀太小了，她也無法製作藥水。莎加則一整天都在森林裏飛翔，她跟卡拉都無法進入有白色鳥的房間，因為嘉利把門鎖上了。

現在剩下唯一的嫌疑犯：珊迪娜！她可以用地板門進入有白色鳥的房間，因為就在她的房間上方，所以她就是真正的小偷！

案件13

瘋狂的農場

第一個問題

奇奇是怎樣離開房間的呢？

奇奇的狗繩掛在頂樓的窗戶。奇奇就是從這裏被帶走的，因為門都上鎖了，只有身型較小、行動靈活的動物才能爬上屋頂進入窗戶，所以犯人只可能是貓、鴨子或母雞。

第二個問題

奇奇被綁匪藏在何處？

奇奇被藏在牛棚。以上三種動物之中，只有貓說對了位置。所以牠們就是綁匪。

案件14

新年派對上的
八大謎題

里奧・芭樂的唱片

穿綠色毛衣的小朋友在擺放食物的桌子旁邊，用唱片玩擲飛碟遊戲。

安妮・域奇的皮草

屋外一名男子正在離開。他西裝裏的皮草露了出來。

妮歌・耶迪比利的項鍊

在跳舞的人當中，有一名女子身穿紅色裙，穿着一雙高跟鞋，戴着金手鐲和妮歌的珍珠項鍊。

里高・當彼路的蛋糕

衣帽間旁的小狗，嘴角留有草莓醬，還有一些草莓散落在地上。

賈斯汀・菲亞的香檳

在屋外的右側，兩個小朋友在玩保齡球，使用了香檳瓶。

安迪・佩比力的假髮

屋頂天線上有一隻鳥戴着假髮。

謝茜嘉・妮茲的小狗

布布在屋外的薄餅車裏。犯人正在屋裏派送薄餅。他的褲袋裏有用來引誘小狗的骨頭。

奧圖・特洛斯的跑車

跑車停泊在屋子前方，被重新髹上黃色。會場裏拿着黃色油漆桶的男人就是犯人。

案件15

超級市場盜竊案

第一個問題

裝有神秘禮物的箱子在哪裏？

箱子被藏在超市右側的樹後面。

第二個問題

小偷從哪裏進出超市？

追蹤屋頂上的白色腳印，腳印從活板門延伸到旁邊的樹。小偷爬上了天花板的活板門，然後爬樹往下離開。

第三個問題

在小偷身上有哪些痕跡？

小偷打翻了貨物架上的洗衣粉，所以他身上一定有白色的污漬。然後為了藏起箱子，他要走進樹叢的泥土中，所以他的鞋子一定沾滿泥污。身上同時沾有這兩種污漬的人只有亞歷·奧諾姆，而且他說自己21時02分發現超市已經關門，但當時占·卡西托才剛回辦公室，發現獎品被偷了，因此他在說謊，他就是小偷！

思維遊戲大挑戰

真相只有一個 ②

作　　者：保羅·馬丁 (Paul Martin)

繪　　圖：吉翁·德科 (Guillaume Decaux)

翻　　譯：吳定禧

責任編輯：趙慧雅

美術設計：鄭雅玲

出　　版：新雅文化事業有限公司
　　　　　香港英皇道499號北角工業大廈18樓
　　　　　電話：(852) 2138 7998
　　　　　傳真：(852) 2597 4003
　　　　　網址：http://www.sunya.com.hk
　　　　　電郵：marketing@sunya.com.hk

發　　行：香港聯合書刊物流有限公司
　　　　　香港荃灣德士古道220-248號荃灣工業中心16樓
　　　　　電話：(852) 2150 2100
　　　　　傳真：(852) 2407 3062
　　　　　電郵：info@suplogistics.com.hk

印　　刷：中華商務彩色印刷有限公司
　　　　　香港新界大埔汀麗路36號

版　　次：二〇一九年九月初版
　　　　　二〇二二年一月第二次印刷

ISBN: 978-962-08-7361-4

Originally published in the French language as "Énigmes à tous les étages, tome 2, Les 12 mauvais coups de minuit"

© Bayard Éditions, 2010

Traditional Chinese Edition © 2019 Sun Ya Publications (HK) Ltd.
18/F, North Point Industrial Building, 499 King's Road, Hong Kong
Published in Hong Kong, China
Printed in China